FAUNE

DES

COLONIES FRANÇAISES

publiée sous la direction de

A. GRUVEL

*Professeur au Muséum national d'Histoire naturelle
Conseiller technique du Ministère des Colonies*

LE PORT D'AGADIR ET LA RÉGION DU SOUS

considérés au point de vue de la pêche industrielle

par A. GRUVEL

DIRECTION ET SECRÉTARIAT
57, rue Cuvier, PARIS (V^e)

ADMINISTRATION

Société d'Éditions Géographiques, Maritimes et Coloniales
17, Rue Jacob, PARIS (VIe)

1927

Faune des Colonies Françaises

Publication placée sous le Haut Patronage

DE M. LE MINISTRE DES COLONIES ; DE L'ACADÉMIE DES SCIENCES (INSTITUT DE FRANCE) ; DU MUSÉUM NATIONAL D'HISTOIRE NATURELLE ; DE L'INSTITUT PASTEUR ; DE L'ACADÉMIE DES SCIENCES COLONIALES ; DE LA SOCIÉTÉ DE GÉOGRAPHIE ; DE L'INSTITUT COLONIAL FRANÇAIS.

COMITÉ DE DIRECTION

PRÉSIDENT

M. E. ROUME, Gouverneur général honoraire des Colonies ; Président de la Société de Géographie.

VICE-PRÉSIDENTS

MM. MANGIN, Membre de l'Institut, Directeur du Muséum national d'Histoire naturelle ;

l'Amiral LACAZE, Président de l'Institut Colonial français ;

Dʳ CALMETTE, Sous-directeur de l'Institut Pasteur.

MEMBRES

MM. LACROIX, Secrétaire perpétuel de l'Académie des Sciences, professeur au Muséum ;

BOUVIER, Membre de l'Institut, professeur au Muséum ;

JOUBIN, Membre de l'Institut, professeur au Muséum ;

GRAVIER, Membre de l'Institut, professeur au Muséum ;

ROULE, professeur au Muséum ;

BOURDARIE, Secrétaire perpétuel de l'Académie des Sciences coloniales ;

GRUVEL, professeur au Muséum, Directeur de la publication.

COMITÉ DE RÉDACTION

Président : M. le Professeur GRUVEL, Directeur.

MM. BOURDELLE, Professeur au Muséum ;

DELACOUR, Président de la Section d'Ornithologie à la Société nationale d'Acclimatation ;

GRANDIDIER, Docteur ès-sciences, Secrétaire général de la Société de Géographie ;

LESNE, Sous-directeur du laboratoire d'entomologie au Muséum ;

ROUBAUD, Chef de service à l'Institut Pasteur.

Mˡˡᵉ S. PATHIER, Secrétaire de la Rédaction.

FAUNE

DES

COLONIES FRANÇAISES

TOME PREMIER

FAUNE

DES

COLONIES FRANÇAISES

publiée sous la direction de

A. GRUVEL

Professeur au Muséum National d'histoire naturelle
Conseiller technique du Ministère des Colonies

TOME PREMIER

DIRECTION ET SECRÉTARIAT
57, rue Cuvier, PARIS (V^e)

ADMINISTRATION
Société d'Éditions Géographiques, Maritimes et Coloniales
17, Rue Jacob, PARIS (VIe)

1927

AVANT-PROPOS

Nous présentons au public le premier fascicule d'une publication nouvelle : la FAUNE DES COLONIES FRANÇAISES.

Ce n'est pas un périodique, ce n'est pas non plus une série de monographies, comme pour la « Faune de France ». La faune de nos Colonies est encore trop peu connue, scientifiquement, pour qu'il soit possible de songer à ce dernier mode de publication.

Grâce à l'appui moral de hautes personnalités du monde scientifique et du monde colonial, grâce aux nombreuses et magnifiques collections qui, incessamment, sont apportées dans les divers services zoologiques du Muséum, grâce aussi, à l'activité d'un assez grand nombre de spécialistes, nous espérons pouvoir publier une quantité variable de mémoires, plus ou moins importants, ayant trait à la faune de nos Colonies et des pays de protectorat, ainsi que de l'Algérie, dont l'ensemble formera, annuellement, un volume d'environ 720 pages in-8° raisin, orné de nombreuses planches en noir et en couleurs et de figures au trait aussi nombreuses qu'il sera désirable pour l'intelligence du texte.

Nous espérons grouper dans cette publication, sinon tous, du moins une bonne partie, des travaux en langue française sur la faune de nos possessions lointaines, travaux fatalement dispersés aujourd'hui dans des publications très diverses, souvent peu connues et difficiles à consulter.

Il est bien évident que si tous les mémoires publiés dans la FAUNE

Des Colonies Françaises *doivent présenter un caractère scientifique absolu, ils devront aussi, toutes les fois que les animaux étudiés s'y prêteront, en montrer les applications* pratiques, *au point de vue de leur exploitation économique.*

Nous pensons, de cette façon, rendre service, à la fois, à la Science en général, aux industriels, aux commerçants, aux colons et, aussi, aux Gouvernements locaux.

Au moment où notre pays fait les plus grands et les plus louables efforts pour obtenir, dans le plus court délai possible, une mise en valeur rationnelle de notre Domaine colonial, un inventaire scientifique *de la faune générale de nos Possessions, s'impose.*

Avant d'exploiter leurs richesses, il faut, d'abord, les connaître, et c'est là le but essentiel de nos persévérants efforts.

Cette Publication est placée sous le Haut Patronage de M. le Ministre des Colonies et de quelques Associations puissantes.

Le Comité de Direction est composé d'un certain nombre de personnalités scientifiques ou coloniales éminentes que nous tenons à remercier, ici, bien vivement, du précieux concours qu'elles veulent bien apporter à l'œuvre nationale que nous entreprenons et pour laquelle nous sentons l'impérieux besoin d'être soutenu par leur haute autorité morale.

L'appel que nous avons adressé aux spécialistes a été entendu et déjà nous pouvons dire que de très importants et intéressants mémoires d'Entomologie, d'Ichthyologie, de Mammalogie, d'Ornithologie, de Zoologie marine, etc., nous sont promis, qui formeront la substance principale des trois premiers volumes.

Notre Éditeur, dont la réputation n'est plus à faire puisqu'il a nom : Société d'Éditions Géographiques, Maritimes et Coloniales *(Ancienne Maison Challamel), a droit à tous nos remerciements, car nous savons qu'il apportera à la* Faune des Colonies Françaises *tous les soins dont il est susceptible, de façon à donner à cette publication, déjà de première valeur scientifique, une présentation générale de premier ordre.*

La plupart des Gouvernements généraux et locaux des Colonies ont répondu à notre appel en souscrivant, chacun, à un certain nombre d'abonnements : enfin, l'Académie des Sciences, l'Académie des

Sciences Coloniales, la Société de Géographie et quelques amis personnels ont tenu à soutenir, financièrement, les premiers pas de notre Publication. Nous ne saurions trop remercier ici tous ceux qui, d'une façon quelconque, auront contribué au succès de l'œuvre que nous poursuivons tous de la façon la plus désintéressée, avec le seul souci de contribuer, dans la mesure de nos moyens, à une meilleure et plus rapide connaissance scientifique de la faune générale de notre Empire colonial, afin d'en assurer, toutes les fois que la chose sera possible, une exploitation rationnelle *et* méthodique, *résultat que, seules, des études scientifiques préalables suffisantes sont susceptibles d'obtenir.*

L'artiste qu'est M. A. Gaussen *a bien voulu dessiner le cartouche qui orne la première et la dernière page des fascicules de la* FAUNE DES COLONIES FRANÇAISES ; *nous tenons à lui adressser, ici, nos sincères remerciements.*

A. GRUVEL
Directeur de la Publication

Photo A. Gruvel

Fig. 1. — Agadir. - Vue d'ensemble du large.

Photo A. Gruvel.

Fig. 2. — Sur la route de Taroudant. Région d'Arganiers.

IMP. CATALA FRÈRES, PARIS.

FAUNE DES COLONIES FRANÇAISES

LE PORT D'AGADIR
ET LA RÉGION DU SOUS

considérés au point de vue de la pêche industrielle

par A. GRUVEL

Professeur au Muséum National d'Histoire Naturelle
Conseiller technique du Ministère des Colonies

> *Le Sous n'est pas l'Eden ni la Terre Promise*
>
> H. DUGARD

« Le Sous n'est pas l'Éden ni la Terre Promise », affirme Henry DUGARD ; c'est vrai !

Mais, s'il ne faut pas faire de cette région un Paradis terrestre, il ne faut pas non plus, la sous estimer.

Nous voudrions, au cours de cette étude, et nous plaçant exclusivement sur le terrain de notre spécialité, montrer que la région maritime d'Agadir et la région continentale du Sous voisin forment, en ce qui concerne l'industrie de la pêche, un ensemble remarquable par ses ressources naturelles, dont l'exploitation pourrait avoir des conséquences considérables aux points de vue économique, politique et social, non seulement pour le Sud-ouest marocain, mais pour le Maroc tout entier.

I. — LE PORT

Le port d'Agadir (Agadir Ighïr = forteresse sur le rocher, des Chleuh), est situé au fond d'une magnifique baie qui, partant du Cap Ghir au Nord, s'étend, en quelque sorte, vers le Sud, jusqu'à l'Oued Massa.

Ce port est dominé par la vieille forteresse portugaise construite sur la table d'un rocher à plus de 200 mètres d'altitude et limité, aux pieds même de la falaise, par une série de maisons bordant une route unique traversant tout le village d'Agadir Founti, ainsi nommé à cause d'une source qui jaillit vers le milieu du village lui-même.

Le port est limité, à l'ouest, par une jetée qui ne mesure à l'état actuel, qu'un peu plus de 100 mètres de long, et n'abrite qu'imparfaitement, pour l'accostage, les barcasses de pêche, des vents de Nord et Nord-ouest, tandis que la haute colline que surmonte la citadelle, les protège du côté du Nord et de l'Est.

A l'Est du port, une sorte d'appontement qui avait été exécuté au début de la guerre, en attendant les premiers travaux de la jetée, est maintenant abandonné.

Bien que de bonne tenue, il est impossible aux bateaux de séjourner dans la rade par les forts vents d'Ouest et de Sud.

Les navires d'un certain tonnage, comme les chalutiers, sont, même, obligés, par fort vent de Nord-Ouest et de Nord d'aller chercher un abri plus efficace au sud de la pointe du Cap Ghir et le plus près de la terre possible.

C'est dire, en un mot, qu'Agadir en tant que *port*, n'existe pas et, de fait, il est encore actuellement *fermé au commerce*.

Il ne nous appartient pas de discuter, ici, les raisons diverses, importantes sans doute, qui ont fait ajourner l'ouverture de ce port au commerce général, mais nous voudrions exposer, en quelques mots, celles qui, à notre humble avis, militent formellement en faveur de l'organisation, en ce point particulier de la côte, d'un *centre de pêche industrielle*, avec utilisation de tous les produits naturels de la région qui peuvent se rattacher à cette industrie ou à des industries connexes.

II. — LA RÉGION MARITIME D'AGADIR

a) **Les fonds.** — Les fonds marins, entre le Nord du Cap Ghir et le Sud de l'O. Sous, jusqu'à la hauteur de l'O. Massa, par exemple, sont particulièrement intéressant, aussi bien au point de vue de leur constitution que de leur faune générale qui est l'une des plus riches de la côte occidentale du Maroc.

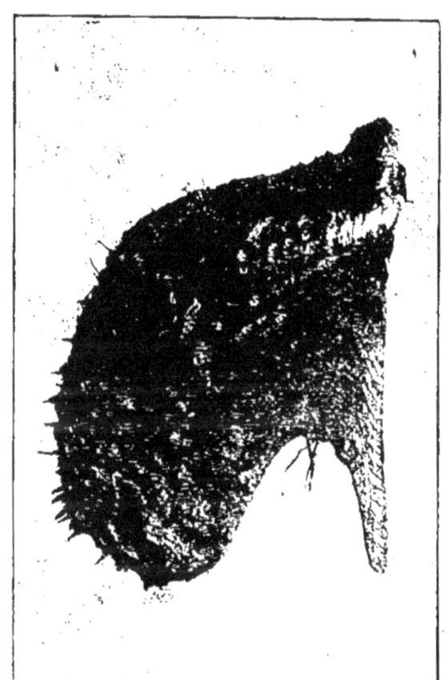

Fig. 1. — *Avicula hirundo*, L.

Les récents travaux effectués, à bord du « Vanneau », d'abord par nous-même, puis, sous notre direction, par l'un de nos collaborateurs, M. R. DOLLFUS, avec le concours du Dʳ. LIOUVILLE, Directeur de l'Insitut Scientifique Chérifien, ont fourni, à cet egard, des indications précises, extrêmement importantes et sur lesquelles nous devons nous attarder un instant.

Tout le long de cette côte, on trouve, d'abord, une zône de sable fin, plus ou moins vaseux, allant en s'élargissant du Nord au Sud ; très étroite à la hauteur du Cap Gihr elle est parsemée de roches jusqu'à des fonds de 18 à 20 mètres. A mi-distance, environ, du Cap Ghir et de la Pointe d'Agadir, on rencontre de nouvelles roches, par des fonds allant de 40 à 75-80 mètres environ. A cette profondeur, la drague a ramené divers échantillons *vivants* de

Dendrophyllia ramea L., fait remarquable à indiquer, car, normalement, la présence de cette espèce n'est signalée qu'à environ 110 mètres de profondeur.

Dans la Baie d'Agadir, elle-même, on aperçoit de distance en distance, des couches parallèles, tres redressées, de schistes marno-calcaires jurassiques, comme ceux qui forment, en grande partie, les fonds rocheux voisins de la côte.

Ces formations marno-calcaires sont noyées, pour la plupart, dans une couche épaisse de sable fin et blanc dans le Nord, mais qui se charge, dans le Sud, d'une plus ou moins grande quantité de vases apportées par le Sous, de façon à constituer, à la hauteur de cette rivière et sur une largeur de 5 à 6 milles, un fond de sable vaseux, parfois coquillier, particulièrement riche en Pleuronectes.

Les coups de chalut que nous avons donnés, en 1922, dans cette région sublittorale, à bord du « Vanneau », malgré une installation très rudimentaire, nous ont rapporté de très nombreuses Soles (*Solea solea* L.), des *Raies* (*R. batis*, L.), beaucoup de Trigles (T. *lyra*, L.), des St Pierres (*Zeus faber*, L.) etc., beaucoup de Crevettes de chalut (*Parapœneus longirostris*, H. Lucas) et un moins grand nombre de crevettes roses (*Palœmon (Leander) serratus*, Pennant), parmi les espèces comestibles.

Rapidement, surtout dans le Sud, le sable vaseux passe à la vase molle, de coloration plus ou moins foncée, d'abord très chargée de sable puis plus claire et dans laquelle dominent les *Sternaspis scutata*, Ranz., à tel point qu'on peut désigner cette formation sous le nom de « vase à *Sternaspis* ». Cette zone de vase s'étend, à la hauteur d'Agadir, en moyenne sur une largeur de 6 à 7 milles et une profondeur allant de 40 mètres, environ, à l'isobathe de 100 mètres à peu près.

A la hauteur du Cap Ghir, elle est beaucoup plus étroite et ne dépasse guère 4 1/2 à 5 milles.

Cette zône vaseuse ou sablo-vaseuse est fort riche en poissons comestibles et on y rencontre à peu près les mêmes espèces que dans la zône précédente, mais elle est caractérisée, en ce qui concerne les Invertébrés, plus spécialement, outre les *Sternaspis*, et parmi les

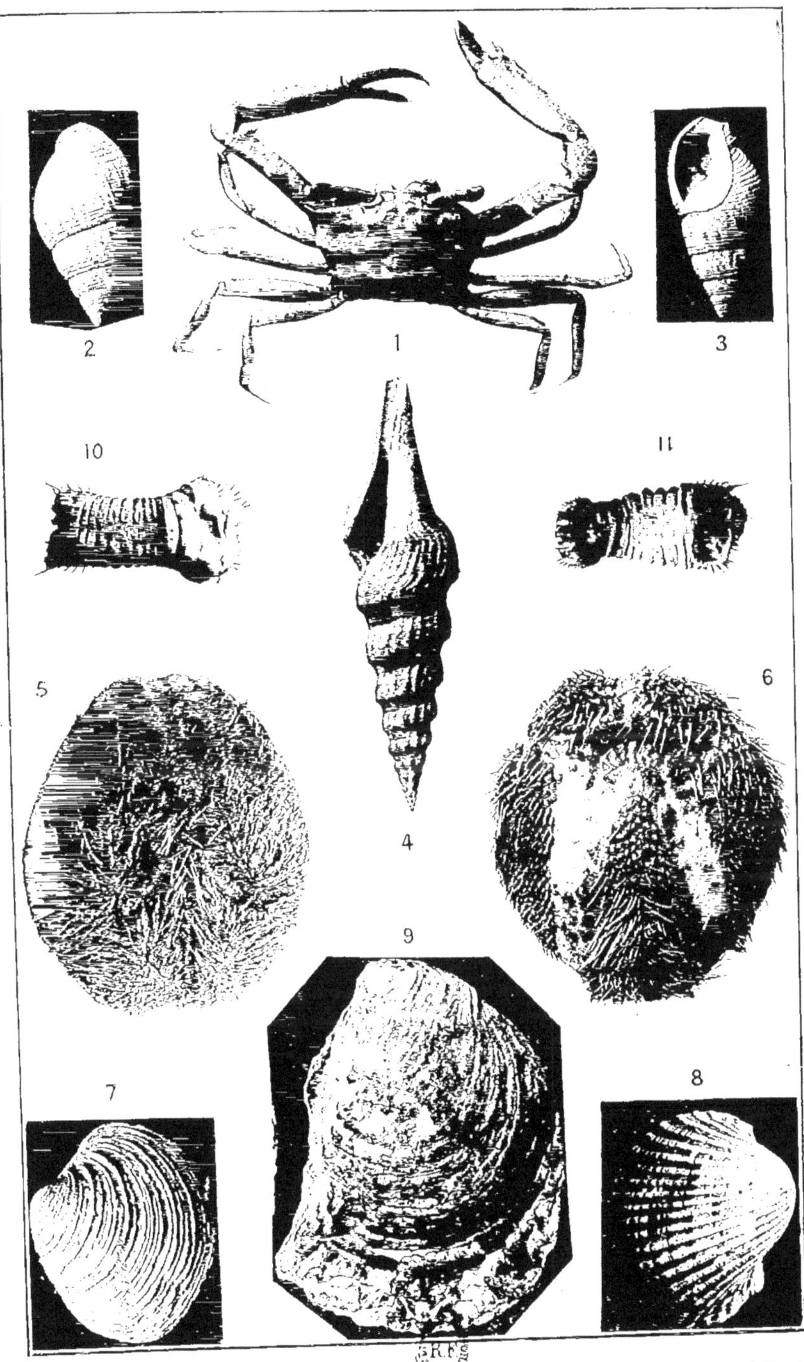

1. *Gonoplax rhomboides*, Fabr. — 2 et 3. *Nassa semistriata*, Brocchi. — 4. *Pleurotoma undatiruga*, Bivona. — 5 et 6. *Brissopsis lyrifera*, Forbes. — 7. *Venus nux*, Gmelin. — 8. *Arca (Anadara) antiquata*, L. — 9. *Ostrea edulis*, L. — 10 et 11. *Sternaspis scutata*, Ranzani.

Crustacés, par un petit crabe, extrêmement abondant, à peu près partout, du reste, *Gonoplax rhomboïdes*, Fabr., ainsi qu'un pagure *Pagurus arrosor*, Herbst, à peu près toujours logé dans de vieilles coquilles de *Cassis saburon*, Adans.

Fig. 2. — *Astropecten irregularis*, var : *pentacantus*, Delle Chiaje.

Les Mollusques sont plus spécialement représentés par *Nassa semistrata*, Brocchi et *Pleurotoma undatiruga* Biv. pour les Gastéropodes, *Arca antiquata*, Gm. et *Venus nux*, Gm., pour les Bivalves. Les Échinodermes sont assez nombreux et, parmi eux, on rencontre, plus spécialement : *Brissopsis lyrifera*, Forbe, *Astropecten irregularis pentacanthus*, D. Ch., et, enfin, une petite Synapte : *Labidoplax digitata*, Montagu.

Des échantillons sporadiques d'*Ostrea edulis* L., de très belle taille ont été rencontrés, plus spécialement, à l'abri du Cap Ghir, précisément dans une zone de vase molle, par des fonds variant de 45 à 87 mètres.

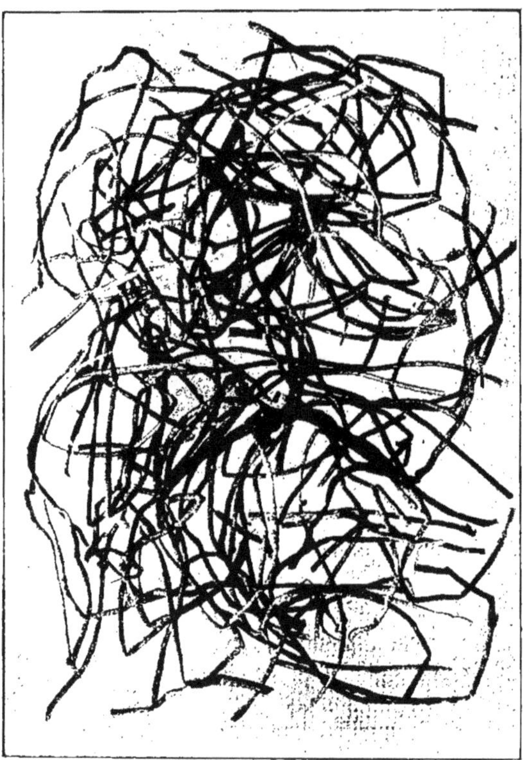

Fig. 3. — *Phyllochœtopterus socialis*, Clap.

Il avait été parlé, un moment, d'un immense banc d'huîtres comestibles qui se serait trouvé à peu près à la hauteur du Sous. Les dragages répétés exécutés dans cette région n'ont, jusqu'ici, révélé aucune trace de ce banc, mais ont ramené, par-ci, par là, quelques huîtres disséminées sur les fonds de sable vaseux ou même de vase.

Au-dessus de la vase, on rencontre, à peu près partout, de très nombreux tubes formant comme une sorte de gazon, de *Phyllochaetopterus socialis*, Clap., portant eux-mêmes, un grand nombre d'échantillons d'*Avicula hirundo*, L.

Au large de cette zone de vase molle, généralement grisâtre, se rencontre une bande rocheuse, à peu près parallèle à la côte, d'une largeur moyenne de 2 à 3 milles, formant, dans le Sud-Ouest du Cap Ghir, une forte saillie de 5 milles environ vers l'Ouest et s'élargissant à la hauteur d'Agadir.

Commençant vers les fonds de 110 mètres, elle se maintient à peu près au même niveau, formant un véritable platier qui s'enfonce, peu à peu, jusqu'à 115-120 mètres. Puis, tout à coup, sur le bord méridional de la saillie occidentale signalée plus haut, la sonde descend brusquement, par 350 mètres environ et même au-delà de 500 mètres, un peu plus à l'Ouest. Il y a là une falaise à pic qui rappelle un peu, mais en plus grand, la falaise du Cap Ghir lui-même. Sur cette bande de platiers rocheux, on rencontre une véritable « floraison » de Dendrophyllies vivantes, formées surtout de *D. ramea* L., mais contenant aussi, d'une façon sporadique, des échantillons, également vivants, de l'espèce *D. cornigera*, Lmk., dont l'habitat normal est plus septentrional, mais qui se poursuit, cependant, un peu, vers le Sud, mélangée à l'autre forme et à d'assez nombreuses Gorgones.

Au milieu de ces bouquets madréporiques, vit une faune variée et fort intéressante où nous retrouvons un certain nombre de formes déjà signalées avec, en plus, quelques espèces caractéristiques, en particulier un Brachiopode (*Mühlfedtia truncata*, L.), un Échinoderme (*Astropartus mediterraneus*, Risso), une huître, très commune sur toute la côte, fixée sur les *Dendrophyllies* (*Ostrea cochlear*, Poli), etc.

C'est au large de cette bande coralligène que, par des fonds de 350 à 500 mètres de sable plus ou moins vaseux ou coquillier, suivant les régions, viennent travailler quelques chalutiers français, un certain nombre de portugais et, surtout, des espagnols.

Au sud de l'Oued Massa, et même dans la partie méridionale de la Baie d'Agadir, les rochers disparaissent en très grande partie et ce ne sont plus alors que des fonds de sable blanc, et, surtout, de sable vaseux, qui se poursuivent à peu près identiques à ceux que nous avons rencontrés au sud du cap Timiris, sur la côte mauritanienne, éminemment favorables, par conséquent, à la capture des poissons de fonds.

Fig. 4. — *Dendrophyllia ramea*, L.

b) **La Faune industrielle.** — La faune qui vit dans ces fonds est riche et variée. Elle est constituée, principalement, par des Pleuronectes, parmi lesquels des Soles de trois espèces différentes, au moins : la Sole vulgaire *(Solea solea* L.) que l'on rencontre à peu près sur tous les fonds sablo-vaseux ainsi que dans la région de l'embouchure du Sous, où la vase semble dominer : *Goniosolea azevia*, Steind. et une forme plus petite : *Monochirus variegatus*, Donov.

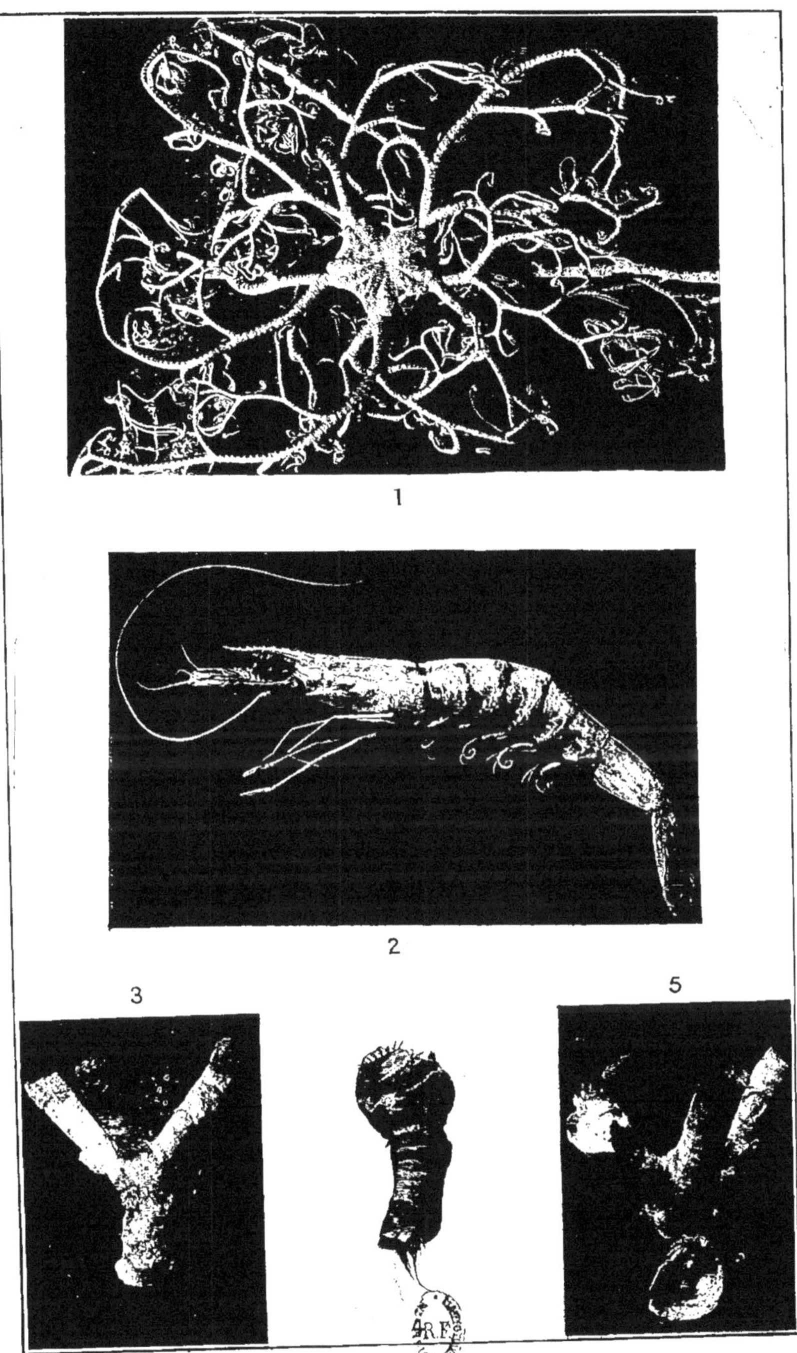

1. *Astropartus mediterraneus*, Risso. — 2. *Parapœneus longirostris*, (Lucas). — P. *membranaceus*, Heller (non Risso). — 3. *Dendrophyllia cornigera*, Lmk. — 4. *Sternaspis scutata*. Ranzani (Profil). — 5. *Dendrophyllia cornigera* supportant des coquilles d'*Ostrea cochlear*. Poli.

Le Turbot lui-même (*Rhombus maximus*, Cuvier) n'est pas absolument rare dans les sables vaseux et les vases de la région d'Agadir.

Dans ces mêmes fonds, le chalut ramène de nombreuses Raies dont deux formes principales : *Raia batis* L, et la Raie bouclée, si commune sur nos côtes atlantiques, *Raia clavata*, Rond.

Les Trigles, circulant au milieu des fonds de sable, sable vaseux et même vase, sont particulièrement bien représentés dans cette faune. Le Trigle lyre (*Trigla lyra* L.) est plus spécialement abondant et constitue même, souvent, le fonds de la pêche au chalut. A côté de lui, mais plus rare, le *Trigla gurnardus* L. ou Grondin gris et le *Trigla corax*, Bonap. ou Perlon.

Les Rougets, sans être très abondants, existent cependant à certains moments en assez grande quantité.

C'est d'abord la forme européenne, le Rouget barbet ou Barbarin *(Mullus surmuletus* L.), puis une espèce normalement plus méridionale, abondante sur les côtes de Mauritanie et qui commence à faire son apparition dans les sables vaseux de la région d'Agadir, *(Upeneus prayensis*, C. V.).

Une forme assez commune, également, dans les régions de sable vaseux et de vase, c'est le Saint-Pierre ou Poule de mer *(Zeus faber*, L.)

La famille des Sparidés est bien représentée sur les fonds sablovaseux et aussi sur les fonds rocheux par : le Pageau (*Pagellus erythrinus*, L.), le Pagre commun (*Pagrus vulgaris*, L.), les Daurades (*Chrysophys aurata*, L.), quelques petits Dentés *(Dentex filosus*, Val.). Le grand denté *(Dentex vulgaris*, C. V.) abondant plus au Sud, sur les platiers rocheux couverts de Gorgones (mariscots), des côtes mauritaniennes, semble assez rare dans les parages d'Agadir.

Mais les Sars ou Sargues (*Sargus vulgaris*, Geoff.) sont presque aussi communs que les Pageaux et sont capturés comme ces derniers, à la ligne de fond, par les indigènes, à la limite des fonds de roches et de sable vaseux.

La famille des Sciœnidés est représentée, non seulement par la grande Scième aigle (*Sciena aquila*, L.), mais aussi par le Corb noir (*Corvina nigra*, Bloch), l'*Umbrina ronchus*, Val., ou Ombrine ronfleuse et, surtout, dans les fonds de sable vaseux littoraux, vers l'embouchure du Sous et des autres petits cours d'eau de la côte, par l'Ombrine commune *(Umbrina cirrhosa,* L.).

Sur les fonds de roches, on rencontre, encore, quelques belles rascasses *(Scorpœna scrofa* L.), ainsi que des Murènes *(Murena helena,* L.) et des Congres *(Conger conger,* L.), assez abondants.

Si nous ajoutons à cela un certain nombre d'espèces de Muges ou Mulets : le Muge céphale *(Mugil cephalus* L.), le Muge sauteur *(M. saliens,* Risso), le Muge doré *(M. auratus,* Risso), etc., qui se rencontrent en abondance, à certains moments, le long de la côte, où ils sont capturés, en grande quantité, à l'aide de mauvaises sennes par les pêcheurs chleuh, nous aurons indiqué les principales espèces alimentaires de la partie littorale et sublittorale de la région d'Agadir (1).

Mais de nombreux chalutiers espagnols, un certain nombre de portugais et, même quelques rares chalutiers rochelais et lorientais, viennent travailler dans cette région, au large des platiers rocheux, par des fonds de 350 à 500 mètres ; ils capturent là, en assez grande abondance, le Merlus ou Colin *(Merlucius merluccius,* L.). Ils mettent le poisson en cale, dans la glace, et rentrent à leur port d'attache sans laisser, au Maroc, ni un centime, ni un poisson. Ils ne sont pas intéressants pour le Protectorat ; ils le sont à peine pour la Métropole ; nous ne nous occuperons donc pas d'eux !

Si la faune des fonds est, certainement, intéressante et pourra le

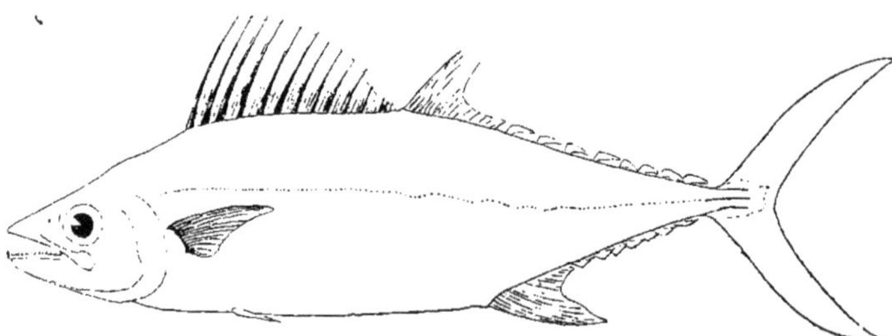

Fig. 5. — *Orcynopsis unicolor,* Geoff. St-Hil.

devenir bien davantage encore, par l'emploi des chalutiers marocains, c'est la faune de surface qui constitue, pour le moment,

(1) Voir pour plus de détails : A. GRUVEL : L'*Industrie des Pêches au Maroc* Paris, 1923.

la *véritable richesse marine industrielle* de la région d'Agadir.

Pendant nos trois séjours successifs dans le Sud marocain, nous avons toujours été frappé, non pas de l'abondance des espèces, qui sont, en réalité, en petit nombre, mais de celle des individus qui les représentent et qui viennent, à certains moments, dans la Baie, en bancs si compacts que, même avec les engins primitifs et véritablement réduits dont ils disposent, les pêcheurs locaux en remplissent des barques entières. S'ils n'en capturent pas davantage, le plus souvent, c'est que les débouchés font véritablement défaut dans ce coin perdu de la côte et, comme la température y est, généralement, assez élevée, tout ce poisson serait rapidement et irrémédiablement perdu. Les espèces qui constituent le fonds de la pêche des indigènes sont celles que nous allons, maintenant, indiquer.

Le poisson appelé localement « thon » qui est, en réalité l'*Orcynopsis unicolor*, Geoff. Saint-Hilaire, apparaît en avril-mai et disparaît vers le mois d'octobre, passant par un maximum en juin-juillet. Le poids de ce poisson est, en moyenne, de 6 à 7 kilos ; il peut atteindre et même dépasser 12 kilos. Le chair en est rouge, mais, mis en conserves, il donne un excellent produit ressemblant à la bonite.

La Bonite à dos rayé (*Pelamys sarda*, Bl.), se rencontre, en réalité, pendant toute l'année, dans la Baie, mais elle est capturée, au maximum, d'avril-mai à septembre-octobre. On sait que ce poisson est abondant sur toute la côte du Maroc occidental et donne lieu, actuel-

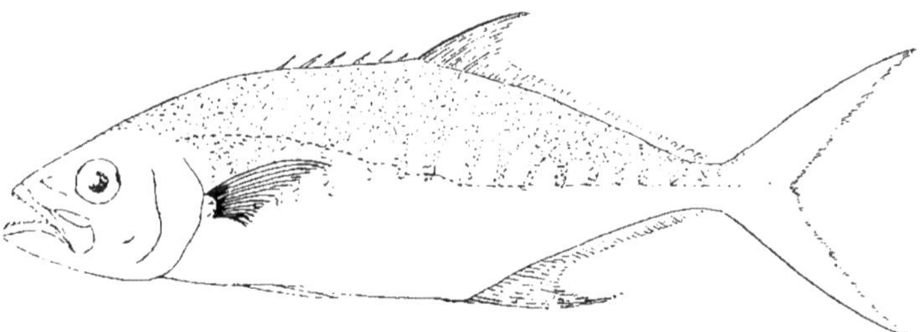

FIG. 6. — *Lichia vadigo*, Risso.

lement, à une fabrication importante de conserves et de salaisons, surtout à Fedhala et à Casablanca.

Le « poisson limon » de Casablanca, « Lirio » des Espagnols (*Lichia vadigo*, Risso), est capturé en abondance, dans la Baie, en même temps que les Bonites. Il donne un intéressant produit en conserves. Le « Tassargal » ou « Tessargal », des pêcheurs Chleuh, (*Temnodon saltator*, L.) est une espèce qui vient dans la Baie d'Agadir en très grande quantité, en février et mars ; mais on la rencontre pendant toute l'année. Ce poisson est commun sur toute la côte occidentale d'Afrique et nous l'avons retrouvé, aussi bien sur les côtes de Mauritanie et du Sénégal, que sur celles du Maroc et même d'Algérie où il est, cependant, beaucoup plus rare. Il est particulièrement apprécié des indigènes et, au moment où il abonde, les pêcheurs chleuh le font cuire et fumer dans des fours spéciaux que nous avons décrits ailleurs et le transportent , ainsi préparé, dans leur « chouaris », à dos d'ânes et de chameaux, jusqu'à Taroudant et Aoulouz, dans la haute vallée du Sous.

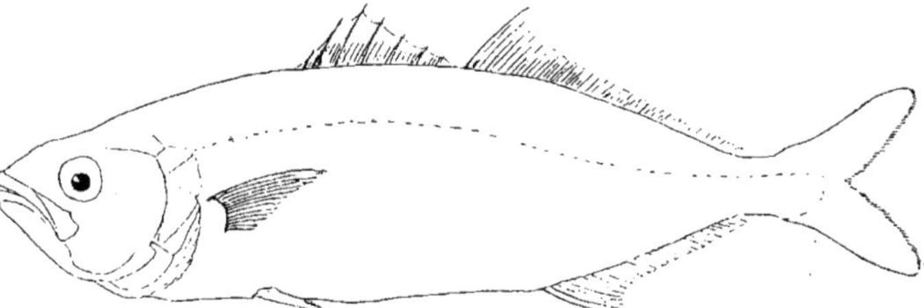

Fig. 7. — *Temnodon saltator*, L.

C'est le moins intéressant pour la conserverie ; il donne un produit fin, mais un peu mou, qui ne sera peut-être pas très apprécié de la clientèle européenne.

Les « Chinchards » (*Trachurus trachurus*, L.) sont aussi extrêmement abondants pendant la belle saison. On pourrait les capturer par milliers à l'aide d'engins de surface modernes et ils pourraient être utilisés pour la conserverie, tout entiers, comme on le fait avec les petits maquereaux.

Enfin, les bancs de Sardines (*Clupea pilchardus*, Walb.) et d'anchois (*Engraulis enchrasicolus*, L.) arrivent, parfois, dans la Baie d'Agadir, en si grande quantité, qu'ils viennent s'échouer presque sur le rivage où les pêcheurs les capturent avec leurs mauvaises sennes. M. Joly, chef de la station des lignes Latécoère à Agadir qui,

Fig. 3. — Agadir. - Le Port et la Jetée.

Fig. 4. — Agadir. - Partie de la ville et Citadelle, vues de la Jetée.

par devoir professionnel, survole, à peu près tous les jours, la totalité
de la baie, pour l'essai des moteurs de ses avions et qui, d'origine bre-
tonne, connaît bien les bancs de sardines et d'anchois, nous disait
qu'il apercevait, presqu'à chaque vol, pendant la belle saison, d'énor-
mes bancs, tantôt de sardines, tantôt d'anchois, qui pénétraient jusque dans la Baie et que personne, faute d'engins appropriés, ne cap-
turait.

Bien qu'il n'existe pas de statistiques officielles se rapportant à
la pêche, à Agadir, le chef du service de l'aconage, M. Léca, qui
s'intéresse tout particulièrement à ces questions, a bien voulu nous
fournir les chiffres suivants pour 1925 et 1926. Ces chiffres sont,
tous, très au-dessous de la réalité, car les pêcheurs craignent qu'on
leur impose des taxes et n'indiquent, par conséquent, que le *minimum* de leurs captures.

Tableau statistique de la pêche pour 1925 (par tête)

MOIS	TASSARGAL	THONS (Orcynopsis)	BONITES	COURBINES
Janvier	4.200	»	»	»
Février	1.620	»	»	»
Mars	700	300	»	»
Avril	200	1.100	»	»
Mai	80	»	4.800	154
Juin	»	»	5.000	2000 dourades
Juillet	«	»	5.000	»
Août	»	20.000	15.000	
Septembre	11.000	17.000	»	»
Octobre	12.000	3.000	»	»
Novembre	6.300	»	»	»
Décembre	8.000	»	»	400

Tableau pour 1926

MOIS	TASSARGAL	THONS (Orcynopsis)	BONITES	COURBINES
Janvier	7.500	»	»	30
Février	6.500	»	»	»
Mars	5.000	500	»	»
Avril	3.000	«	»	40
Mai	3.000	1.800	600	30
Juin	»	»	1.000 (environ)	»

On remarquera que ces résultats tout à fait incomplets, du reste, sont obtenus à l'aide de barcasses à rames, une ou deux mauvaises sennes, tout au plus, et quelques lignes à main.

A cause de ce défaut d'outillage, les indigènes pêchent les poissons qui les intéressent le plus et abandonnent la pêche des autres. C'est ainsi, par exemple, qu'à la saison du Tassargal *(Temnodon saltator)* dont tous les indigènes sont particulièrement friands, ils se livrent *tous*, sans exception, à la capture de cette espèce et négligent celle des autres, au moins aussi abondantes.

La Courbine (*Sciaena aquila*, L.), signalée dans la précédente statistique pour quelques individus par mois, est un poisson très friand de Mulets ou Muges (*Mugil* de diverses espèces). Il vient jusque dans la Baie au moment où ces derniers poissons y font leur apparition, c'est-à-dire de février-mars à mai-juin. C'est un excellent poisson, connu en France sous le nom de « maigre », très abondant sur toute la côte occidentale d'Afrique, surtout dans la région de Port-Étienne, et qui peut atteindre un poids de 40 à 45 kilos et une longueur de plus de 1^m 50.

On rencontre, enfin, dans les rochers qui émaillent la côte, surtout dans la partie qui s'étend de Tamerart au Cap Ghir, un assez grand nombre de *langoustes* et de *homards*, qui ne sont guère consommés à Agadir que par la population européenne, l'indigène dédaignant ces Crustacés.

Certains industriels ont manifesté, en notre présence, le désir de fabriquer des *conserves* de homards et de langoustes. Nous les en avons dissuadés de notre mieux parce que ces Crustacés ne sont pas assez abondants sur la côte pour résister à une pêche intensive et qu'il est beaucoup plus sage de réserver cette industrie, assez productive, aux pêcheurs indigènes.

La quantité de poissons pouvant être utilisés pour la conserverie est suffisamment considérable pour qu'il ne soit pas utile d'y ajouter quelques malheureux crustacés qui auraient, rapidement, disparu, au grand détriment des pêcheurs locaux.

c) **L'exploitation.** — Les emplacements nécessaires à l'établissement des usines paraissent faciles à trouver à Agadir.

1º *Emplacement.* — L'installation, en quelque point convenablement choisi de la falaise, permettrait l'évacuation des produits usés
à la mer, avec la plus grande facilité et, en prenant l'eau à une certaine distance au large, on pourrait, aussi, avoir, dans l'usine, toute
l'eau de mer nécessaire aux besoins industriels. La proximité du
port de pêche et de la jetée de débarquement des produits, facili-
terait singulièrement les moyens de travail.

2º *Eau douce.* — La quantité d'eau douce dont on dispose, actuellement, à Agadir pour les besoins de la population générale, paraît
suffisante. Si l'on autorise l'installation d'usines de conserves, si,
mieux encore, on ouvre le port au commerce d'une façon plus large,
la question « eau douce » se posera alors avec une certaine acuité.
Elle n'est, du reste, pas insoluble, loin de là.

Il existe, en effet, dans la montagne voisine, un certain nombre
de sources qui n'ont pas été utilisées et qu'il serait politique et économique de capter le *plus tôt possible*, si l'on ne veut pas se trouver,
à un moment donné, en face de grosses difficultés et de dépenses
peut-être excessives.

Actuellement, on aurait les terrains qui contiennent ces sources à
très bon marché ; la main-d'œuvre serait facile et abondante, par
conséquent d'un prix minime ; le moment paraît donc propice. Il
se pourrait qu'il n'en fût pas de même d'ici quelques années.
C'est, à notre avis, le premier travail par lequel on devrait com-
mencer.

3º *Éclairage et force motrice.* — L'électricité n'existe pas, en principe, à Agadir ; le Service des Renseignements a, en ce qui concerne
l'éclairage, résolu la question pour son propre compte et celui des
services militaires, ainsi que pour quelques commerçants assez
voisins du centre de la ville, mais c'est tout.

Les usines qui viendraient s'installer devraient s'organiser, elles-
mêmes, pour la force motrice et l'éclairage. C'est assez normal, du
reste !

4º *Pêcheurs.* — Le recrutement des pêcheurs serait très facile.
Dans les petits ports de pêche voisins d'Agadir, tels que : Aoughir,
Tamerekhe, Taghazout, Tizert, Imsouane, Imerditzen, Tafelneh,
Sidi-Ahmed Saïd, Sidi M'Barec, Tagrioult, Cap Sim, etc., on trouve-

rait tous les pêcheurs nécessaires à une industrie importante.

Ils sont travailleurs, sobres, intelligents et ne craignent pas la mer. En leur fournissant les embarcations et les engins nécessaires, et sous la direction générale d'un pêcheur européen, qui montrerait à leurs « reiss » le maniement des bateaux et des engins modernes, on obtiendrait, rapidement, des résultats remarquables.

5° *Personnel d'usine*. — Pour le personnel d'usine, on pourrait recruter, entre Agadir et Insgane qui en est distant de 12 kilomètres, de nombreuses femmes et jeunes filles berbères qui s'habitueraient très vite au travail d'usine, car elles sont intelligentes et adroites et ne tarderaient pas à devenir de très bonnes ouvrières.

On trouverait, encore, pour les travaux de force, tous les jeunes gens nécessaires, dans la vallée du Sous. Actuellement, ces jeunes gens, ne trouvant pas à gagner leur vie chez eux, s'expatrient sur les villes de la côte : Mogador, Safi, Casablanca et Rabat ; certains même vont travailler dans les usines d'Europe, mais reviennent, de temps en temps, dans leur pays natal auquel ils restent toujours fermement attachés.

Comme ils sont également travailleurs, intelligents et adroits, ils s'adapteraient, très rapidement, à la conduite des moteurs placés sur les embarcations et dans les usines, au maniement des machines-outils, etc.

On voit donc, en résumé, que toutes les conditions matérielles indispensables à la bonne marche de l'industrie des conserves se trouvent largement réalisées à Agadir et dans le Sous, aussi bien pour la matière première que pour la fabrication.

. . . .

Mais la région du Sous dispose encore de ressources considérables dont il nous reste à dire un mot maintenant, ressources qui faciliteraient grandement le développement des industries dont nous venons de parler.

Photo A. Gruvel.

Fig. 5. — Dans les Chtouka. - Sur la route de Tiznit. - Un puits.

Photo A. Gruvel.

Fig. 6. — Photo sur la route de Tiznit. - Champ d'euphorbes.

III. — LA RÉGION DU SOUS
SES RESSOURCES AGRICOLES

Bien que les questions d'agriculture ne soient pas, à proprement parler, de notre ressort, il nous est impossible de les passer ici sous silence, parce que leur exploitation bien comprise doit amener un élément considérable de prospérité pour les usines de conserves de poissons.

La mer nous fournit bien la matière première indispensable, mais pour la fabrication des conserves, il faut des boîtes... et de l'huile !

Pour les boîtes, il faudra, de toute nécessité faire venir de France, soit les boîtes toutes prêtes, soit des lames de fer blanc que des machines outils transformeront rapidement en boîtes de tous calibres, et de toutes tailles. C'est ce qui se passe à Fedhala et Casablanca ; c'est le moyen le plus pratique et, croyons-nous, le plus économique N'insistons pas !

Mais l'huile ! Nous allons essayer de montrer qu'elle existe dans la région du Sous et dans tout le Sud-Ouest marocain sous deux formes distinctes : l'huile d'olive et l'huile d'argan, également utilisables pour la fabrication des conserves de poissons.

a) **L'olivier.** — D'après les renseignements officiels qui nous ont été aimablement fournis à Rabat, au Service de l'Agriculture, le nombre total des oliviers indigènes ou de plantations européennes, dénombrées en 1925 pour l'établissement du « tertib », dans le Maroc occidental, est de *3.188.235.* Ce chiffre est certainement au-dessous de la vérité et augmente, à peu près, tous les ans, à mesure que notre contrôle s'étend et se perfectionne. Prenons-le tel qu'il est et disons, en chiffres ronds, que ce nombre est de *trois millions.* Si, maintenant, nous adoptons, pour la production de chaque arbre, le chiffre de *deux litres* d'huile, c'est donc un total de *six millions*, au minimum, de litres d'huile d'olive qui devrait se fabriquer annuellement au Maroc.

Tous ceux qui ont vu fonctionner les moulins indigènes ont pu se rendre compte de la perte considérable en huile qui en résulte. Si les olives étaient traitées comme elles commencent à l'être, du reste, par des procédés modernes, le rendement en huile augmenterait d'un bon tiers.

Il devrait y avoir, dès maintenant, au Maroc, une production suffisante pour la consommation locale, y compris, bien entendu, les fabriques de conserves de poissons.

Or, ces dernières font, toutes, venir l'huile qui leur est nécessaire, selon l'origine de leurs propriétaires, d'Espagne, d'Italie, de Tunisie, etc. Aucune n'utilise actuellement l'huile marocaine qui, paraît-il, n'est pas encore assez bien raffinée. Est-il donc si difficile de préparer de l'huile convenablement, et le Maroc qui est en train de devenir un pays d'assez grosse production, n'est-il donc pas capable de se fournir à lui-même, sans être obligé d'importer, de pays voisins et même de l'Étranger, les huiles dont il a besoin ?

Il y a là une lacune à combler le plus rapidement possible dans l'intérêt même de ce pays !

Mais revenons au Sous qui, seul, nous intéresse ici. Lorsque, comme nous l'avons fait, plus ou moins complétement, à diverses reprises, on remonte la vallée du Fleuve, jusqu'à Taroudant, Freija, et Aoulouz qui marque son point de sortie de l'Atlas, on remarque que, dans toutes les parties de la plaine qui peuvent être atteintes par l'irrigation, on trouve des quantités considérables de figuiers et surtout d'oliviers. Taroudant elle-même, se trouve en quelque sorte, noyée dans une véritable oasis d'oliviers comprenant environ *280.000* pieds. La vallée, toute entière, de l'embouchure à Aoulouz, renferme un minimum de *380* à *400.000* pieds. Nous disons un minimum, pour la même raison que précédemment.

La production indigène devrait donc être d'environ 800.000 litres d'huile, et si les olives étaient traitées par des méthodes modernes, de *un million* de litres, en chiffres ronds.

L'indigène soussi ne consomme pas d'huile d'olive ; il la vend, réservant, pour sa propre consommation, l'huile d'argan.

Dans ces conditions, la presque totalité de cette production, si elle était préparée convenablement, pourrait être livrée aux usines d'Agadir, sans être grevée de frais de transport importants, c'est-à-dire dans les meilleures conditions économiques possibles.

Il suffirait, pour cela, d'installer dans un centre assez important, soit à Agadir, soit mieux, peut-être, à Taroudant, au centre même de la principale production, une huilerie moderne qui fournirait aux usines de conserves installées, celles-ci, sans aucun doute possible, à Agadir, toute l'huile qui leur serait nécessaire. Ce sont les usiniers eux-mêmes qui devraient s'entendre pour l'installation d'une huilerie commune, de façon à posséder sur place, à la fois, la matière première, qui est le poisson, et l'huile d'olive nécessaire à la fabrication de leurs conserves.

b) **L'arganier.** — Nous n'insterons pas davantage sur l'olivier qui est une essence bien connue et nous passerons à l'arganier qui l'est beaucoup moins, en général.

L'arganier (*Argania sideroxylon*, Roemer et Schut.), a tiré son nom du mot «chleuh» «ardjan» ou «argan». C'est un arbre très répandu dans le Sud-Ouest du Maroc, ayant à peu près le port et la taille de l'olivier, couvert de nombreuses épines et dont le tronc est, généralement divisé en deux, trois ou quatre parties divergeant obliquement par rapport à la verticale, en sorte que les chèvres, qui sont très friandes de ses jeunes pousses arrivent à grimper jusque dans l'arbre, tandis que les chameaux broutent, avec délices, les mêmes pousses vers l'extérieur.

L'arganier donne un fruit plus gros qu'une olive, que l'on appelle « noix d'argan » ou encore « amande berbère », dont les chèvres et les chameaux sont particulièrement friands. Ils mangent la pulpe qui entoure le fruit et rejettent la noix, soit par la bouche, après mastication, soit par l'orifice opposé, après la digestion.

En dehors du Sud-Ouest marocain, cet arbre est complétement inconnu. On peut donc dire qu'il caractérise absolument cette région, que l'on pourrait appeler « région de l'Arganier ». Il n'existe qu'une autre espèce : *Sideroxylon marmulano*, Lowe, localisée à l'Ile Madère, qui, probablement de même origine que la précédente, s'est modifiée profondément en changeant de milieu, mais montre, indubitablement, les relations territoriales étroites qui ont dû exister entre Madère et le Sud du Maroc.

Nous avons traversé, à diverses reprises, en toute sa longueur, la « région de l'Arganier » et nous avons été frappé, comme tous ceux qui l'ont parcourue, de la vaste répartition de cette espèce et de la possibilité d'en augmenter le nombre, pour ainsi dire, à volonté, à condition que l'indigène, qui est le plus grand ennemi de l'arbre, en ces régions, ne mette pas un obstacle absolu à la reconstitution intensive de la forêt d'arganiers.

Cette forêt, si l'on peut employer ce terme pour une essence qui se trouve rarement en masses considérables mais plutôt en pieds isolés et largement distribués, cette forêt, disons-nous, commence dans les Chiadma, un peu au Nord de l'Oued Tensift et s'étend, à certains endroits, depuis la zone littorale jusqu'à près de 40 kilomètres à l'intérieur du Pays.

Au sud de Mogador, il forme de vastes plages dans les Haha, les M'Touga et les Ida ou Tanan ; il est particulièrement abondant dans la vallée du Sous, jusqu'à Taroudant et même Aoulouz et, enfin, nous l'avons retrouvé, assez disséminé, au Sud du Sous, dans la partie littorale des Chiouka et dans la plaine de Haouara.

Mais il diminue rapidement à mesure que l'on s'avance vers la région de Tiznit et devient tout à fait sporadique, pour disparaître complétement, paraît-il, sur les pentes de l'Anti-Atlas.

Cet arbre a la remarquable propriété de se développer dans presque tous les terrains, aussi bien dans les dunes de la zone littorale que dans les schistes, les calcaires et les grès et, s'il demande une atmosphère un peu humide, il se contente d'une très faible quantité de pluie. C'est l'essence rêvée de cette région sud-ouest du Maroc.

Il est, pour l'indigène, d'un précieux secours, puisque ce dernier se chauffe, un peu trop, peut-être, avec son bois, se nourrit de l'huile produite par son fruit et nourrit ses chèvres et ses chameaux de la pulpe de son fruit et de ses feuilles. Il est peu employé pour la construction à cause de son tronc multiple et très tortueux, auquel on préfère avec raison, une essence plus droite, poussant largement dans la région, le thuya. L'huile d'argan est de *fabrication* exclusivement indigène, et on peut dire, à quelques exceptions près, qu'elle est aussi de *consommation* indigène. L'huile indigène est de couleur plus ou moins foncée suivant que sa préparation a été plus ou moins heureuse, sa saveur âcre et irritante. Les indigènes la consomment de préférence à l'huile d'olive, à tel point qu'à Mogador, par exemple, son prix était, il y a quelques mois, un peu supérieur à celui de cette dernière.

Quand, par hasard, les Européens sont obligés de l'utiliser, à défaut d'huile d'olive, par exemple, ils la font bouillir avec un gros morceau de mie de pain qui absorbe la plus grande quantité du principe amer et la rend, ainsi, d'une absorption possible, sinon facile. L'huile n'étant produite que par la noix, il faut donc, d'abord, débarrasser le fruit de sa pulpe. Deux procédés sont mis en usage par les indigènes. Dans le premier cas, ils donnent les fruits à manger aux chèvres, moutons, chameaux et bœufs qui en sont très friands, tandis que les ânes, les chevaux et les mulets les dédaignent. Ces animaux mangent la pulpe du fruit ; tandis que les moutons et les chèvres rejettent ensuite la noix qui tombe à terre, les ruminants ne la rendent qu'un certain temps après, quand l'acte de la rumination commence. Certaines, même, traversent l'estomac et sont rejetées par l'anus.

En tout cas, ces noix sont soigneusement ramassées, soit par les bergers, soit par les femmes et les enfants, pour la fabrication de l'huile.

Dans d'autres cas, les fruits tout entiers sont également ramassés, épulpés par les femmes et les enfants qui les font sécher et les donnent aux animaux, en nourriture, pendant l'hiver. Toujours, le noyau est conservé pour extraire l'huile, par un procédé assez primitif, mais, cependant, assez délicat !

On casse les noyaux entre deux pierres et on en retire des amandes blanches que l'on fait torréfier sur des ustensiles en fer ou en terre cuite, jusqu'à ce qu'elles aient atteint une couleur foncée, sans brûler. On broie ces amandes dans une sorte de mortier quelconque, de façon à obtenir une pâte de couleur brune sur laquelle no verse de l'eau bouillante, en même temps qu'on la malaxe soigneusement, entre les mains, pour en faire sortir le maximum d'huile. La pâte durcit peu à peu, en abandonnant son huile qui est recueillie dans un vase. Elle est lavée plusieurs fois à l'eau fraîche, puis on la laisse reposer et on la décante pour l'obtenir à son maximum de pureté.

Cette huile est soigneusement conservée dans les familles et utilisée pour les besoins de la cuisine.

Quelle quantité d'huile d'argan est fabriquée ainsi au Maroc ? Il est à peu près impossible de fixer un chiffre, même approximatif. Ce que l'on peut affirmer, c'est qu'une bonne partie en est perdue, d'abord parce que beaucoup de fruits ne sont pas ramassés et se perdent dans la brousse et, ensuite, que le procédé indigène de préparation est tout à fait rudimentaire et laisse dans les tourteaux près d'un tiers de l'huile totale qu'ils contiennent.

Étant donné la vaste surface couverte par les arganiers, nous ne serions pas éloigné de croire que si la récolte de fruits en était faite soigneusement et la préparation de l'huile industrialisée, le sud-ouest marocain pourrait produire à peu près autant d'huile d'argan que d'huile d'olives. Ce serait tout bénéfice pour les indigènes qui vendraient les noix d'argan et paieraient l'huile beaucoup moins cher qu'ils ne le font actuellement. D'autre part, ce serait une nouvelle et intéressante ressource pour les usines de conserves de la côte. On sait que depuis notre installation au Maroc, les indigènes consomment un certain nombre de produits qu'ils négligeaient autrefois. Les conserves de poissons en général, et celles de sardines, en particulier, sont spécialement recherchées par les indigènes et le seront de plus en plus.

Comme ils préfèrent l'huile d'argan à l'huile d'olives et que la présentation des poissons leur est assez indifférente, les industriels ne pourraient-ils pas préparer, avec l'huile d'argan et les poissons un peu abîmés, des conserves de 2e ou 3e choix qui obtiendraient, dans le bled, un véritable succès ? Ils économiseraient, en même temps, leur huile d'olives réservée à la fabrication de premier choix, pour la consommation européenne locale et, surtout, pour l'exportation.

Photo A. Gruvel.

Fig. 7. — Pont métallique sur l'Oued Massa.

Photo A. Gruvel.

Fig. 8. — La Fontaine de Tiznit.

Nous pensons avoir montré, ainsi, que les fabricants de conserves de poissons pourront trouver à Agadir et dans la région du Sous, tout ce qui, hormis le fer-blanc, est nécessaire à leur industrie.

c) **Légumes frais.** — Mais, pour autant que le poisson soit abondant dans la Baie et au large, comme on a surtout affaire à des poissons de surface, qu'on désignait autrefois sous le nom de « migrateurs », que nous appelons aujourd'hui, plus exactement « saisonniers », il y aura, certainement, au cours de l'année, des « mois creux », c'est-à-dire au cours desquels le poisson viendra à manquer plus ou moins totalement.

Les usiniers pourront encore trouver sur place, s'ils savent s'entendre avec la population agricole des environs de l'embouchure du Sous, plus spécialement de la région d'Insgane, qui n'est qu'à 10 kilomètres d'Agadir, *pendant toute l'année*, à des conditions économiques remarquables, des petits pois, des haricots verts, des tomates, etc., tous légumes qui, dans ces terres alluvionnaires riches, des bords du Sous, ne demandent qu'à pousser.

Les « séguias » qui, à l'heure actuelle, partent du fleuve et viennent irriguer la plaine, sont destinées, surtout à arroser les champs de blé, d'orge, de maïs, etc., suivant les époques, ainsi que les nombreux arbres : figuiers, oliviers et quelques champs de légumes.

Si les Soussi ne produisent pas davantage de légumes frais, c'est que leur consommation, qui est l'apanage des Européens seulement, est extrêmement restreinte. Mais que des usines s'installent, qu'elles paient à ces populations rurales, travailleuses et intelligentes un prix rémunérateur et elles auront tous les légumes frais dont elles auront besoin pour remplir les « mois creux » de l'année industrielle.

La condition essentielle à remplir vis-à-vis des indigènes c'est d'assurer l'écoulement de leur production à des prix intéressants pour eux, car le Chleuh, s'il est travailleur, est aussi âpre au gain, et c'est une des raisons pour lesquelles il s'expatrie aussi facilement.

IV. — INSTALLATIONS ADMINISTRATIVES

Mais l'organisation de la pêche industrielle intensive ne peut pas aller sans un certain nombre de dépenses de « souveraineté », en quelque sorte.

a) **Adduction d'eau douce.**— Nous avons déjà indiqué plus haut que l'un des premiers soins de l'Administration devait être de procéder au captage des sources libres de façon à donner à la ville le maximum d'eau possible en raison des futurs besoins industriels. Mais ce n'est pas tout !

b) **Jetée abri.** — La jetée actuelle est notoirement insuffisante et incapable de protéger, comme cela est indispensable, toute une flottille de pêche. Cette jetée devrait être prolongée de quelques centaines de mètres et former un ou deux redans de façon à mettre les embarcations, petites ou grosses, à l'abri des gros temps du large ; mais cela est l'affaire des Ingénieurs du Service des Travaux Publics.

On devrait prévoir, sur cette jetée, des cales d'accostage pour le débarquement facile des poissons qui, par voie Decauville, pourront être *aisément* et *rapidement* — deux conditions essentielles dans ce pays de soleil — transportés aux usines pour y être traités *immédiatement*.

Ces quelques travaux suffiraient, provisoirement tout au moins, pour permettre l'installation à Agadir de quelques usines de conserves de poissons et l'organisation, par conséquent, d'une industrie de la pêche d'une certaine importance. Ce sont, tous les ans, des millions de produits fabriqués qui se perdent à Agadir, au grand détriment, non seulement de cette intéressante région, mais du pays tout entier.

c) **Ouverture du port.** — Avons-nous, dans les circonstances présentes, le droit de négliger de telles ressources ? Nous ne le pensons.

pas. Nous le pensons d'autant moins que divers industriels, et des meilleurs, n'attendent que l'ouverture du port pour aller s'y installer.

Il ne nous appartient pas de rechercher si le port d'Agadir doit, ou non, être ouvert au *commerce général*. C'est une mesure extrêmement sérieuse qui mérite un examen approfondi, mais nous pensons qu'il n'y aurait que des avantages *économiques* et *politiques*, en même temps, à ouvrir tout au moins ce port à la *pêche industrielle* et à tout ce qui touche à la préparation des produits de la pêche : usines de conserves de poissons et de légumes frais, huileries d'huile d'olives et d'huile d'argan, usines pour la fabrication des sous-produits de la pêche : guano, huile, vessies natatoires, huile de foies, etc.

La construction de la jetée, d'abord, puis celle des usines, commenceraient par utiliser une main-d'œuvre importante que l'on trouverait, en grande partie, sur place.

Ensuite, le personnel nécessaire aux bateaux de pêche, à la manutention du poisson, à la préparation et à l'emboîtage des conserves tout ce qui, en un mot, consitue une industrie importante serait, pour la plupart, recruté dans la région et gagnerait, à ce travail, largement sa vie.

Occupés comme ils le seraient à la pêche et aux usines, les fameux dissidents Ida ou Tanan, descendus de leur montagne, ne songeraient guère à faire la guerre et nous les verrions, de plus en plus nombreux, embauchés par nos industriels qui les retiendraient ainsi, dans leur pays.

Trois usines de conserves à Agadir vaudraient mieux, pour la pacification complète, qu'un régiment et rapporteraient au Protectorat au lieu de lui coûter !

. . . .

CONCLUSIONS

———

Comme conclusion de cette étude, nous disons, nous plaçant exclusivement sur le terrain de la pêche industrielle et des industries connexes :

1° Agadir et la région du Sous possèdent des richesses naturelles *maritimes* et *agricoles, considérables,* dont dans les circonstances actuelles, nous n'avons pas le droit de négliger l'exploitation.

2° Cette exploitation est rendue possible, nous dirons même facile, par tout un ensemble de conditions matérielles et, même morales, qui se trouvent réunies dans cette région.

3° La création d'une industrie nouvelle et importante à Agadir amènerait avec elle le travail et l'aisance dans une partie de la population indigène, aujourd'hui misérable, à certains moments. Elle ne pourrait avoir, pour cette région, en particulier, et le Maroc, en général, que des conséquences *économiques, sociales* et *politiques* d'une telle importance qu'il est impossible de n'en pas tenir compte, étant donné surtout la modicité de l'effort financier que cette création entraînerait pour le Budget du Protectorat.

INDEX BIBLIOGRAPHIQUE

Bernard (Augustin) : *Le Maroc* (Félix Alcan, éditeur, Paris, 1921).

Castonnet des Fosses (H.) : *Les Portugais au Maroc* (*Annales de l'Extrême-Orient et de l'Afrique*, Challamel, éditeur, Paris, 1886).

Dugard (Henry) : *La Colonne du Sous* (Perrin et Cⁱᵉ, éditeur, Paris, 1918).

Faucherand (Dʳ) : *Les pêches et industries maritimes au Maroc* (VIᵉ Congrès des Pêches Maritimes, Tunis, 1914).

Fleury (E.). : *Journal de Pharmacie et de Chimie*, T. XII, 7ᵉ série, 1920.

Foucauld (de) : *Reconnaissances au Maroc* (Paris, Challamel, 1888).

Gentil. (L.). *Explorations au Maroc* (1 vol. in-8°, Masson, éditeur, Paris, 1906).

Gentil (L.) : *LeMaroc physique* (Alcan et Cⁱᵉ, éditeur, Paris, 1912.)

Gentil (L.) : *Carte géologique du Maroc à 1 /1.500.000* (Paris, Larose, éditeur.)

Gruvel (A.) : *L'Industrie de la Pêche au Maroc* (*Revue Générale des Sciences*, 15 avril 1914).

Gruvel (A.) : *L'Industrie des Pêches au Maroc. Son état actuel. Son avenir.* (*Mém. Soc. Sciences Naturelles du Maroc*, t. III, n° 2, 1923).

Main (F) : *Les Ports du Maroc Français.* (*La Géographie*, nᵒˢ 3 et 4, 1922).

Montagne (Lᵗ de vaisseau) : *Les Marins indigènes de la zone française du Maroc* (Hespéris, 1923, p. 175).

— *Coutumes et légendes de la côte du Maroc* (Hespéris, 1924, p. 101).

Mouveaux (Général) : *Le Territoire d'Agadir* (Renseignements coloniaux, n° 10 Comité de l'Afrique française et Comité du Maroc, octobre 1926).

Pellegrin (J.) : *Les Vertébrés des Eaux douces du Maroc* (C. T. Assoc. franç. Avanc. Sciences, Nîmes, 1912).

Perrot (E.) : *Les Végétaux de l'Afrique tropicale française ;* fasc. II. Challamel, éditeur, Paris, 1907.

Résidence générale : Documents divers, surtout statistiques.

Tardieu (A.) : *Le mystère d'Agadir.* Calmann-Lévy, édit. Paris, 1912.

Thomas (L.) : *Voyage au Goundafa et au Sous* (Payot, Paris, 1919).

X. *Les Ports du Maroc.* (*Revue Générale des Sciences*, 15 avril 1914).

TABLE DES MATIÈRES

Faune des Colonies Françaises

(1927)